150 Problemas
de matemáticas para
5º de Primaria
TOMO II

Proyecto Aristóteles

Copyright © 2013 Proyecto Aristóteles

Todos los derechos reservados.

Quedan prohibidos, dentro de los límites establecidos en la ley y bajo los apercibimientos legalmente previstos, la preproducción total o parcial de esta obra por cualquier medio o procedimiento, ya sea electrónico o mecánico, el tratamiento informático, el alquiler o cualquier otra forma de cesión de la obra sin la autorización previa y por escrito de los titulares del copyright.

ISBN: **1495377385**
ISBN-13: **978-1495377389**

A Silvia y a Ana.

CONTENIDOS

    Para comenzar   i

1 Problemas   3

2 Epílogo   Pg 33

PARA COMENZAR

El blasón del Proyecto Aristóteles es el proverbio *usus, magíster egregius* (la práctica es el mejor maestro). El dominio de cualquier disciplina, incluidas las matemáticas, sólo puede adquirirse a través del ejercicio variado y constante. Éste es el motivo por el cual presentamos nuestra serie especial de problemas para Quinto de Primaria. Los problemas constituyen un tipo de actividad que presenta sus dificultades específicas. Para superarlas no basta con dominar con soltura las reglas básicas de la aritmética sino que se precisa una capacidad de planificación estratégica de los cálculos y operaciones que llevan a la consecución del resultado.

1. Agustín tiene una tiza de la misma longitud que la tiza que tiene Julia. Agustín rompe la tiza en 9 partes iguales y usa una de ellas y Julia rompe la tiza en 7 partes iguales y usa 2. Represéntalo en forma de fracción y dime si las fracciones son equivalentes: ¿han usado la misma cantidad de tiza Agustín y Julia?

2. Dos guerreros tienen dos lanzas de la misma longitud. El primero la parte en 6 trozos iguales y echa al fuego 5 de ellos. El segundo la parte en 15 trozos iguales y echa al fuego 5 de ellos. Represéntalo en forma de fracción y dime si las fracciones son equivalentes: ¿han quemado lo mismo ambos guerreros?

3. Un alfarero tiene dos fragmentos de arcilla exactamente iguales. Con el primero hace 9 tazas y con el segundo hace 5 ceniceros. ¿Qué es mas grande, la taza o el cenicero?

4. Rebeca y Gloria reciben dos trozos de plastilina del mismo tamaño. Rebeca lo parte en 12 pedazos iguales y usa 3 para hacer un muñeco. Gloria lo divide en 16 pedazos y usa 4 para hacer otro muñeco. Represéntalo en forma de fracción y dime si las fracciones son equivalentes.

5. Si en un cine hay 50 personas y tres quintas partes están comiendo palomitas, ¿cuántas personas comen palomitas en el cine?

6. En una caja de 27 bombones dos tercios son bombones de licor. ¿Cuántos bombones no llevan licor?

7. De un total de 40 comensales una octava parte han bebido vino y una quinta parte han bebido agua. ¿Cuántos comensales han bebido vino?, ¿cuántos han bebido agua?

8. En un ramo de 16 flores, las cinco octavas partes son margaritas. ¿Cuántas margaritas hay en el ramo?

9. De un rebaño de 48 ovejas, las tres sextas partes son ovejas churras y las demás son ovejas merinas. ¿Cuántas ovejas churras hay en el rebaño?, ¿cuántas ovejas merinas?

10. Un fabricante de ruedas hace 56 ruedas cada día. Si cuatro séptimas partes son ruedas de motocicleta y una séptima parte son ruedas de coche, ¿cuántas ruedas de motocicleta hace el fabricante al día?, ¿cuántas ruedas de coche?

11. En un supermercado hay una cola de 63 personas. Si cuatro novenas partes lleva más de 10 artículos, ¿cuántas personas en la cola llevan menos de 10 artículos?

12. Un carnicero ha vendido 30 piezas de carne. Si cinco sextas partes de esas piezas eran lomo, ¿cuántas piezas de lomo ha vendido?

13. En mi clase había 32 niños. Si tres octavos de ellos fueron a la universidad, ¿cuántos niños de mi clase fueron a la universidad?

14. De una caja de 81 cerillas siete novenas partes de ellas se han mojado y no se pueden usar. ¿Cuántas cerillas de la caja pueden usarse aún?

15. Se han ido 12 personas de vacaciones. Cuatro sextas partes van a la playa y el resto van a la montaña. ¿Cuántas han ido a cada destino?

16. En un cargamento de 100 naranjas, la mitad de ellas viene de España y dos quintas partes de Perú. ¿Cuántas naranjas vienen de España?, ¿cuántas de Perú?

17. En un campamento hay 18 niños. Dos octavas partes son rubios y tres octavas partes son morenos. ¿Cuántos niños no son ni rubios ni morenos?

18. En una clase de 50 alumnos, dos quintas partes ha sacado más de un 9 en el examen y una décima parte ha suspendido. ¿Cuántos alumnos han sacado más de un nueve?, ¿cuántos han suspendido?

19. Hemos hecho un recorrido en metro durante 72 minutos. Durante las tres novenas partes he estado sentada y durante las cuatro octavas partes he estado leyendo. ¿Cuántos minutos he estado sentada?, ¿cuántos minutos he estado leyendo?

20. En un carro de la compra hay 36 botellas. Dos cuartas partes son de leche y una novena parte de las botellas son de vino. ¿Cuántas botellas de leche hay?, ¿cuántas botellas de vino?

21. En un parque han plantado 48 árboles. Cuatro sextas partes de ellos son pinos y una octava parte son sauces. ¿Cuántos sauces hay?, ¿cuántos pinos?

22. En un joyero guardo 42 joyas. Tres sextas partes son collares y una séptima parte son anillos. ¿Cuántos anillos tengo en el joyero?, ¿cuántos collares?

23. En una droguería hay una estantería con 32 frascos. Un cuarto de ellos son de perfume y tres octavos de ellos son de gel. ¿Cuántos frascos de perfume hay en la estantería?, ¿cuántos de gel?

24. Si Sergio ha comido 50/10 bocadillos, ¿cuántos bocadillos enteros ha comido?

25. Felisa ha bebido 25/5 vasos de agua y Raúl ha bebido 12/4. ¿Cuántos vasos de agua han bebido entre los dos?

26. Diana ha consumido hoy 80/40 barras de pan y su madre 90/30, ¿quién ha comido más pan?

27. Tenemos un cubo con 38 litros de agua y queremos repartir el agua en botellas de 3 litros de capacidad. Representa las botellas llenas y los litros sobrantes con un número mixto.

28. En una caja hay 10 estuches y en cada estuche hay 10 bolígrafos. Representa con un número decimal lo que representa cada estuche respecto de la caja y lo que representa cada bolígrafo respecto de la caja.

29. Una de cada 10 personas es zurda. Representa con un número decimal la presencia de personas zurdas.

30. Cinco décimas partes de la superficie de un lago están cubiertas por nenúfares. Representa con un decimal las partes del lago que están cubiertas por nenúfares y las que no lo están.

31. Hemos medido la distancia que hay de una puerta a otra y obtenemos 4,528 metros. Si queremos que haya dos centésimas más de distancia, ¿a qué distancia las colocaremos?

32. Si Tomás mide 1,67 metros, Sofía mide 1,677 y Felipe 1,767, ¿quién es más alto de los tres?

33. El coche A ha tardado 4,01 segundos en acelerar hasta los 100 kilómetros por hora, el coche B ha tardado 4,101 y el coche C ha tardado 4,111 segundos. ¿Qué coche ha tardado más?

34. Si Lorenzo pesa 56,789 kilos, Rodrigo pesa 56,798 kilos y Angélica pesa 56,780 kilos, ¿quién está más delgado?

35. 16 alumnos de una clase de 100 han obtenido beca. Representa con un número decimal la parte de alumnos que ha obtenido beca.

36. En una caja de 1.000 agujas 456 están dobladas. Representa con un número decimal la cantidad de agujas que están dobladas.

37. El ancho de una puerta es de 1,349 metros. Redondea esta cantidad a la décima y a la centésima.

38. Si Raquel tiene 5 euros y 67 céntimos y Virginia tiene 1 euro y 12 céntimos, ¿cuánto dinero tienen entre las dos?

39. Si Marina tiene 34,83 euros y pierde 34 céntimos, ¿cuánto euros le quedan a Marina?

40. Alicia tiene 103,38 euros en el bolsillo derecho. En el izquierdo tiene 209,58 euros. Si pierde 5 euros de los que guardaba en el bolsillo derecho y 41 céntimos de los que guardaba en el bolsillo izquierdo, ¿cuántos euros le quedan a Alicia?

41. Arturo ha ingresado 1.093,92 euros. Tiene que pagar la factura del teléfono (36,23 euros), la del gas (24,16 euros) y la de la luz (102,38). ¿Cuántos euros le quedan a Arturo?

42. Felipe ha ganado 69.034,98 euros jugando a la lotería. Ha pagado 345,27 euros en impuestos y, después, ha regalado 7.003,45 euros a su madre. ¿Cuántos euros del premio conserva Felipe?

43. Si tengo ahorrados 563 euros en 8 billetes y dos monedas, ¿cuál es el valor de los billetes y cuál el de las monedas?

44. He pagado los 276 euros que costaba un teléfono entregando 9 billetes. Si me han devuelto 4 euros, ¿de qué valor eran los billetes que he entregado?

45. Si el pan me ha costado 1,12 euros y la lechuga me ha costado 0,81 euros, ¿cuánto dinero me he gastado?

46. He comprado un billete de avión por valor de 299,67 euros. Si me han devuelto 33 céntimos, ¿cuántos euros entregué para hacer la compra?

47. He gastado 67,34 euros en ir desde Madrid a Córdoba y 12,92 euros en ir de Córdoba a Cádiz. ¿Cuánto dinero me he gastado para ir desde Madrid a Córdoba?

48. Si el mes pasado Cristina ganó 783,56 euros y este mes ha ganado 903,73, ¿cuántos euros ha ganado Cristina en estos dos meses?

49. En una caja fuerte se guardan 4 billetes de 200 euros, 3 de 500, 9 de 100, 4 de 10 euros y 3 monedas de dos euros. ¿Cuánto dinero hay en la caja fuerte?

50. He entregado al dependiente 4 billetes de 20 euros, 2 de 10 euros, 3 monedas de 1 euro, 4 monedas de 10 céntimos y 6 monedas de 2 céntimos. ¿Cuántos euros he entregado al dependiente? (Exprésalo con un número decimal).

51. Si en la cartera tengo 6 billetes de 20 euros, 5 de 10, 2 de 5 euros, 5 monedas de 5 céntimos y 3 de 10 céntimos, ¿cuánto dinero tengo?

52. Hemos colocado 3 listones de madera de 1,3 metros de longitud cada uno. ¿qué longitud tienen los listones en total?

53. Un edificio tiene 5 pisos y cada piso está a 2,4 metros de distancia. ¿A qué altura estará el último piso?

54. He dado 5 saltos de 1,6 metros de longitud cada uno. ¿A qué distancia estoy?

55. Hemos unido 8 trozos de cable de 4,53 metros de longitud cada uno. ¿Cuánto mide la unión de los 8 cables?

56. Un ciclista recorre 34,89 kilómetros cada día. Al cabo de una semana, ¿cuántos kilómetros habrá recorrido?

57. Si una yarda son 91,4 centímetros, ¿cuánto serán 9 yardas?

58. Si un pie son 30,48 centímetros, ¿cuánto serán 4 pies?

59. Si una pulgada son 2,54 centímetros, ¿cuántos centímetros medirá una pantalla de 7 pulgadas?

60. Una milla son 1,609 kilómetros. ¿Qué kilómetros de distancia hay entre mi casa y de la de Jaime si hay 5 millas de distancia?

61. Hemos llenado 7 piscinas de 4,394 hectolitros de capacidad cada una. ¿Cuántos hectolitros de agua hemos necesitado?

62. Si la Tierra recorre 2,6 millones de kilómetros cada día. ¿Cuántos millones de kilómetros recorrerá en una semana?

63. Un trozo de hilo de 19,67 centímetros de longitud debe dividirse en 10 partes. ¿Cuántos centímetros medirá cada parte?

64. Si tengo 10 euros y quiero repartirlos entre 100 personas, ¿cuántos euros recibirá cada una? (exprésalo de forma decimal)

65. Si una tinaja tiene una capacidad de 2.094,4 litros y llenamos con ella 1.000 botellas, ¿cuántos litros habrá en cada botella?

66. Un corredor ha recorrido 2 kilómetros en 14,6 minutos. ¿Cuánto ha tardado en recorrer cada kilómetro?

67. Una charca contiene 49,5 litros de agua. Si cada hora se ha llenado de 3 litros de lluvia, ¿cuántas horas ha tardado en llenarse la charca?

68. Con un trozo de cuerda de 79,1 metros queremos hacer 7 cuerdas de tender. ¿Qué longitud tendrá cada cuerda de tender?

69. Un coche ha recorrido 894,4 kilómetros durante las últimas 8 horas. Si ha circulado siempre a la misma velocidad, ¿cuántos kilómetros ha recorrido cada hora?

70. Con un trozo de 403,5 metros de tela queremos fabricar chaquetas. Si para cada chaqueta necesitamos 5 metros de tela, ¿cuántas chaquetas podremos fabricar?

71. Si queremos dividir un terreno de 398,4 metros en 6 parcelas, ¿cuánto medirá cada parcela?

72. Si Ana mide 1,67 metros, ¿cuántos centímetros mide?, ¿cuántos decímetros?

73. Una regla mide 40 centímetros, ¿cuántos milímetros mide?

74. La longitud de mi brazo es de 6,7 decímetros, ¿cuántos milímetros mide?, ¿cuántos centímetros?

75. El monitor del ordenador de Esperanza mide 17 centímetros, ¿cuántos milímetros mide?

76. Cada eslabón de una cadena mide 3 centímetros. Si hacemos una cadena con 82 eslabones, ¿cuántos centímetros medirá?, ¿cuántos milímetros?

77. Una hormiga mide 3 milímetros. Una fila de 230 hormigas, ¿cuántos centímetros medirá?, ¿cuántos decímetros?

78. Un ladrillo mide 12 centímetros. Si para hacer el ancho de una pared se han puesto 34 ladrillos en fila, ¿cuántos centímetros mide la pared?, ¿cuántos metros?

79. En la pared de una piscina hay 45 baldosas. Si cada baldosa mide 45 centímetros, ¿cuántos metros de largo tiene la piscina?

80. Un coche ha recorrido 1,2 kilómetros en un minuto. Al cabo de 6 minutos, ¿cuántos kilómetros habrá recorrido?, ¿cuántos hectómetros?

81. Si Paco camina cada día 4,5 kilómetros, ¿cuántos kilómetros habrá recorrido Paco en una semana?

82. Un caballo recorre al galope 55 kilómetros en una hora. ¿Cuántos decámetros habrá recorrido en dos horas?

83. Si un edificio tiene una altura de 538 metros, ¿cuántos decámetros de altura tiene el edificio?

84. Si un camión ha recorrido 3 kilómetros, 4 decámetros y 5 metros, ¿cuántos metros ha recorrido en total?

85. Hay una distancia de 4 hectómetros, 50 metros y 6 decámetros de la casa de Ana a la de Nacho. ¿Cuántos decámetros de distancia hay entre sus casas?

86. Un helicóptero tiene que hacer un recorrido de 340 decámetros. Si ha recorrido un cuarto de ese tramo, ¿cuántos metros ha recorrido?

87. Un camión tiene que realizar un viaje de 8.298 metros. Si ya ha recorrido dos sextas partes de ese tramo, ¿cuántos metros le faltan para completarlo?

88. Si un terreno tiene una extensión de 70 decámetros, ¿cuántos decímetros de extensión tiene?

89. Hemos pintado una pared de 80 decímetros de ancho. Si ya hemos completado 3/4, ¿cuántos centímetros hemos pintado?

90. Unas canchas de baloncesto tienen una extensión de 2 hectómetros, ¿cuántos centímetros tienen de extensión?, ¿cuántos decímetros?

91. Un corredor trata de completar un recorrido de 5.480 metros. Si ha recorrido 2/8 partes, ¿cuántos decímetros le faltan para llegar a la meta?

92. Si una piscina tiene 4 hectolitros de agua, ¿cuántos decalitros tiene?, ¿cuántos litros?

93. Una laguna tiene 645 kilolitros de agua. ¿Cuántos litros tiene?, ¿cuántos decalitros?, ¿cuántos hectolitros?

95. ¿Cuántos mililitros de agua hay en 34 litros de agua?, ¿cuántos hay en 5 decilitros?

96. En un cuarto de litro de agua, ¿cuántos mililitros hay?, ¿cuántos decilitros?

97. Una charca tiene 55 kilolitros de agua. Si se ha evaporado una quinta parte, ¿cuántos decalitros de agua quedan?

98. Un depósito de gasolina tiene una capacidad de 3 kilolitros, 56 decalitros y 4 litros, ¿cuántos litros de capacidad tiene el depósito?

99. Hemos llenado una pila de agua con 68 decilitros, 5 centilitros y 2 mililitros. ¿Qué capacidad tiene la pila medida en mililitros?

100. Un embalse tiene una capacidad de 730 kilolitros de agua. Si una cuarta parte de ha evaporado pero ha llovido 340 hectolitros, ¿cuántos decalitros de agua hay en el embalse?

101. Si un elefante pesa 6.482 kilos, ¿cuántos hectogramos pesa?, ¿cuántos decagramos?

102. Hemos comprado 75 gramos de harina. ¿Cuántos decigramos hemos comprado?, ¿cuántos decigramos?

103. Un huevo de avestruz pesa 856 gramos. ¿Cuántos miligramos pesa?

104. ¿Cuántos miligramos hay en tres cuartos de gramo?

105. Si un almacén tiene 25 kilos de naranjas y dos quintas partes de ella están etiquetadas, ¿cuántos kilos de naranja están sin etiquetar?, ¿cuántos hectogramos?

106. Para llenar una bañera necesitamos 4 decalitros de agua. ¿Cuántos decilitros son?, ¿cuántos centilitros?

107. Hemos comprado 4 decagramos de azafrán. ¿Cuántos decigramos son?, ¿cuántos miligramos?

108. Si el bebé ha pesado 2,34 kilos, ¿cuántos gramos ha pesado? Si engorda 0,54 kilos, ¿cuántos decagramos pesará ahora?

109. Un litro de mercurio pesa 13 kilos. ¿Cuántos gramos pesará un litro de mercurio?, ¿cuántos decagramos?

110. Hemos comprado 45 bolsas de 360 gramos de azúcar. ¿Cuántos decigramos ha pesado en total nuestra compra?

111. Hemos llenado 3/5 de una botella de un litro de capacidad de agua y lo restante de aceite. ¿Cuántos centilitros de aceite hay en la botella?

112. Susana se ha comido 36/4 salchichas y su hermana Antonia se ha comido 21/3 salchichas. ¿Cuántas ha comido Susana?, ¿cuántas ha comido Antonia?

113. Si Laura ha comido 72/9 hamburguesas y Soraya ha comido 100/1, ¿quién ha comido más hamburguesas?

114. Si Juana ha comido 45/5 tabletas de chocolate y Santiago ha comido 81/9 tabletas, ¿quién ha comido más chocolate de los dos?

115. Si Enrique ha guardado 11 camisetas en 2 cajones. ¿Cuántos cajones ha necesitado?, ¿cuántos sobran? Representa los cajones usados y las camisetas sobrantes con un número mixto.

116. Uno de cada 100 españoles es rico. Representa con un decimal cuántos ricos hay en la población española.

117. Un poste tiene 2,686 metros de altura. Redondea la altura del poste a la décima y a la centésima.

118. La altura de una puerta es de 2,985 metros. Redondea esa cifra a la décima y a la centésima.

119. Hemos pintado las 4 décimas partes de la pared. Representa con un decimal las partes pintadas de la pared y las que faltan por pintar.

120. Un corredor ha tardado 9,581 segundos en correr 100 metros. Si el segundo ha tardado 3 milésimas más, ¿cuánto ha tardado el segundo en correr 100 metros?

121. Una pértiga mide 4,562 metros. ¿Quién dice la verdad?

Belén: mide cuatro metros y quinientas sesenta y dos décimas.

Ángeles: mide cuatro metros y quinientas sesenta y dos milésimas.

Jimena: mide cuatro metros y quinientas sesenta y dos centésimas.

Respuesta: ……………………..

122. Tenemos que llenar tres recipientes de agua. El recipiente A tiene 0,33 litros de capacidad, el recipiente B tiene 0,34 litros de capacidad y el recipiente C tiene 0,334 litros de capacidad. ¿Qué recipiente tiene más capacidad?

123. En la lata de refresco A caben 0,50 litros, en la lata de refresco B caben 0,501 y en la lata de refresco C caben 0,51. ¿Qué lata de refresco tiene más capacidad?

124. Lupe mide 1,832 metros. Si su madre Gregoria mide 3 décimas menos y su hermano Eduardo mide tres centésimas más, ¿cuánto miden Gregoria y Eduardo?

125. El salón de Estefanía tiene una longitud de 6,183 metros. Si el de Begoña es 7 centésimas más estrecho y el de Rubén es 8 décimas más ancho, ¿cuánto mide el salón de Begoña y el de Rubén?

126. Un camino tiene un ancho de 5,284 metros. Redondea esa cifra a la décima y a la centésima.

127. El cuenco A tiene una capacidad de 1,801 litros, el cuenco B tiene una capacidad de 1,81 litros y el cuenco C de 1,081. ¿Qué cuenco tiene más capacidad?

128. Un corredor de élite recorre 30,994 metros en 5 segundos. En ese lapso de tiempo un corredor aficionado corre siete décimas y tres centésimas menos de distancia. ¿Cuánto corre un corredor aficionado en 5 segundos?

129. Si Loreto tiene 45 euros y 12 céntimos y su hermano Daniel tiene 1.011 euros y 71 céntimos, ¿cuánto dinero tienen entre las dos?

130. Cuando salí de casa tenía 78,62 euros. Si he perdido 4 euros y 29 céntimos, ¿cuánto dinero me queda?

131. Jesús tiene 509,56 euros. Si compra un lápiz de 30 céntimos y un bolígrafo de 1,10 euros, ¿cuánto dinero le queda?

132. Luis ha recibido tres pagos. El primero, de 56,35 euros; de 67,38 euros y el tercero, de 23,85 euros. ¿Cuánto dinero tiene Luis ahora?

133. Alonso ha salido de casa con 67,45 euros en la cartera. Ha comprado un cuaderno de 12,84 euros y, después, su madre le ha dado 23,49 euros. ¿Cuánto dinero tiene ahora Alonso?

134. Un dependiente vende un monitor que vale 134 euros. Si recibe 5 billetes y dos monedas, ¿qué valor tienen los billetes y las monedas que ha recibido?

135. Una estantería cuesta 593,85 euros. Si pago con 6 billetes y me devuelven 6 euros y 15 céntimos, ¿qué valor tienen los billetes con los que he pagado?

136. Gerardo ha recibido su sueldo en 10 billetes de 20 euros, 4 de 100, 6 de 50 y 34 monedas de 2 euros. ¿Cuál es el sueldo de Gerardo?

137. He comprado unas cortinas y he pagado con 8 billetes de 10 euros, 3 de 20 euros, 2 de 10 euros y 5 monedas de 2 euros. Si me han devuelto 4 euros y 34 céntimos, ¿cuánto valían las cortinas?

138. Ayer Elena recibió 456,39 euros. Pagó una deuda de 293,45 euros pero después se encontró 5 euros y 52 céntimos. ¿Cuánto dinero tiene Elena?

139. Bianca ha ganado un premio y ha obtenido 739,37 euros. Con ese dinero se ha comprado un pantalón de 34,52 euros y una camisa de 54,98 euros. ¿Cuánto dinero del premio conserva ahora Bianca?

140. En una floristería se vende una maceta de 45,39 euros, un ramo de 23,76 euros y unas semillas de 1,32 euros. ¿Cuánto dinero ha ingresado la floristería?

141. Un padre quiere dar a sus 4 hijos 1,5 euros a cada uno. ¿Cuánto en dinero en total dará el padre a sus 4 hijos?

142. Todas las mañanas camino 3,49 kilómetros. Al cabo de una semana, ¿cuántos kilómetros he recorrido?

143. Si mandar un mensaje desde el móvil cuesta 0,15 euros, ¿cuánto costará enviar 8 mensajes?

144. Un estanquero ha vendido 8 sellos de 0,42 euros y 6 sellos de 0,35 euros. ¿Cuánto dinero en sellos ha vendido el estanquero en total?

145. Si un bloque de hormigón tiene una altura de 2,35 metros y colocamos 9 bloques de hormigón apilados, ¿qué altura tendrá la pila de los 9 bloques de hormigón?

146. Hemos atado 6 trozos de cinta de 4,23 metros cada uno. ¿Qué longitud tendrá la unión de los 6 trozos?

147. Un corredor aficionado ha recorrido 5,49 kilómetros los lunes, los miércoles y los viernes y 2,34 kilómetros los martes y los jueves. ¿Cuántos kilómetros en total ha recorrido de lunes a viernes?

148. Tengo dos cinturones de 1,23 metros de longitud y 5 cinturones de 0,89 metros. Si los pusiera en fila, ¿cuál sería la longitud de todos los cinturones en total?

149. Una cabra montesa pesa 85,65 kilos. Si hay 6 cabras encima de un peñasco, ¿cuánto peso soportará el peñasco?

150. En un coche hay 3 niños de 23,64 kilos y dos adultos de 78,36 kilos. ¿Cuántos kilos soporta el coche?

EPÍLOGO

¡Buen trabajo!

Acabas finalizar el Tomo II de la serie de Problemas para Quinto de Primaria.
Si quieres continuar practicando consulta en tu librería, en Amazon o en nuestra web:

www.proyectoaristoteles.com

www.ingramcontent.com/pod-product-compliance
Lightning Source LLC
Chambersburg PA
CBHW070721180526
45167CB00004B/1575